ENSINO DE MATEMÁTICA de Bolso

Reflexões sobre como ensinar Matemática com significado, de acordo com a BNCC

Luiz Roberto Dante

1ª Edição | 2021

© Arco 43 Editora LTDA. 2021
Todos os direitos reservados
Texto © Luiz Roberto Dante

Presidente: Aurea Regina Costa
Diretor Geral: Vicente Tortamano Avanso
Diretor Administrativo
Financeiro: Dilson Zanatta
Diretor Comercial: Bernardo Musumeci
Diretor Editorial: Felipe Poletti
Gerente de Marketing
e Inteligência de Mercado: Helena Poças Leitão
Gerente de PCP
e Logística: Nemezio Genova Filho
Supervisor de CPE: Roseli Said
Coordenador de Marketing: Léo Harrison
Analista de Marketing: Rodrigo Grola

Realização

Direção Editorial: Helena Poças Leitão
Texto: Luiz Roberto Dante
Revisão: Rhamyra Toledo
Direção de Arte: Rodrigo Grola
Projeto Gráfico e Diagramação: Rodrigo Grola
Coordenação Editorial: Léo Harrison

```
Dados Internacionais de Catalogação na Publicação (CIP)
        (Câmara Brasileira do Livro, SP, Brasil)

    Dante, Luiz Roberto
      Ensino de matemática de bolso : reflexões sobre
    como ensinar matemática com significado, de acordo
    com a BNCC / Luiz Roberto Dante. -- 1. ed. -- São
    Paulo : Arco 43 Editora, 2020.

      ISBN 978-65-86987-17-1

      1. Matemática - Estudo e ensino I. Título.

20-51340                                      CDD-510.7
```

Índices para catálogo sistemático:

1. Matemática : Estudo e ensino 510.7

Aline Graziele Benitez - Bibliotecária - CRB-1/3129

1ª impressão, 2021
Impressão: Melting Indústria Gráfica

Rua Conselheiro Nébias, 887 – Sobreloja
São Paulo, SP – CEP: 01203-001
Fone: +55 11 3226 -0211
www.editoradobrasil.com.br

ENSINO DE MATEMÁTICA de Bolso

Reflexões sobre como ensinar Matemática com significado, de acordo com a BNCC

Luiz Roberto Dante

Luiz Roberto Dante

Licenciado em Matemática pela UNESP de Rio Claro; Mestre em Matemática pela USP de São Carlos; Doutor em Psicologia da Educação pela PUC de São Paulo; Livre docente em Educação Matemática pela UNESP de Rio Claro; Palestrante em Congressos em treze países. Ex-Presidente da Sociedade Brasileira de Educação Matemática; Ex-Secretário Executivo do Comitê Interamericano de Educação Matemática; Um dos redatores dos Parâmetros Curriculares Nacionais (PCNs) de Matemática para o MEC. Autor de livros didáticos e paradidáticos de Matemática desde a Educação Infantil até o Ensino Médio.

Prof. Dr. Mário Tourasse Teixeira

Meu orientador durante 31 anos. Um sábio! Matemático humanista, de renome internacional.

"Devemos educar cada aluno como se dele dependesse o destino do mundo."
(In memorian)

Sumário

Introdução 13

1 Trabalhar inicialmente as ideias matemáticas e, pouco a pouco, introduzir a linguagem matemática 17

2 Ensinar por compreensão, dizendo os porquês dos conceitos, procedimentos matemáticos 21

3 Evitar generalizações precoces 27

4 Trabalhar mais a metodologia "Pense um pouco sobre isso" e menos a "É assim que se faz" 31

5 Criar oportunidades para o estudante pensar 35

6 Valorizar mais o processo e menos o produto 41

7 Valorizar os conhecimentos prévios dos estudantes 43

8 Valorizar as estimativas e o cálculo mental 45
   8.1 Estimativa 45
   8.2 Cálculo mental 47

9 Valorizar a integração dos conteúdos matemáticos, trabalhando as diversas representações dos conceitos e procedimentos ... 53

10 Valorizar a integração da Matemática com outras áreas do conhecimento, buscando a interdisciplinaridade 57

11 Valorizar a elaboração e resolução de problemas 61

11.1 Elaborar problemas 63
11.2 Como se resolve um problema? 64
11.3 Como propor problemas adequadamente 66
11.4 Elaboração e resolução de problemas como metodologia de ensino 67

12 Dar ênfase às aplicações da matemática 69

13 Desenvolver uma atitude positiva em relação à Matemática 73

14 Não enfatizar os "erros" dos estudantes 77

15 Estimular a curiosidade, a imaginação e a criatividade do estudante 81

15.1 Curiosidade 84
15.2 Imaginação 85
15.3 Criatividade 86

16 Estimular as conjecturas, a argumentação e a descoberta de padrões 93

16.1 Conjecturas 93
16.2 Argumentar 98

17 Fazer uso das tecnologias digitais 101

18 Conclusão 109

Referências bibliográficas 111

Leituras recomendadas 115

Introdução

Em 2018, o Brasil passou a integrar o grupo de elite da International Mathematical Union (IMU), que congrega as principais potências mundiais da Matemática. Isso graças ao excelente desempenho da pesquisa matemática no país, que contrasta com o Ensino de Matemática em nossas escolas da Educação Básica.

Observando de maneira ampla, mas intensa, o panorama do Ensino da Matemática, devemos reconhecer uma profunda e generalizada insatisfação. Os resultados no Sistema de Avaliação da Educação Básica (SAEB), no Exame Nacional do Ensino Médio (ENEM), nas Olimpíadas de Matemática e nas avaliações externas, como o Programa Internacional de Avaliação de Estudantes (PISA), falam por si.

Ao longo de décadas vivenciando intensamente o ensino e a aprendizagem da Matemática como professor na Educação Básica e no Ensino Superior, trabalhando com a formação inicial e continuada de professores em pesquisas, leituras e encontros sobre Educação Matemática, escrevendo livros didáticos e paradidáticos de Matemática e trocando experiências com professores de sala de aula, pude constatar que o êxito ao se ensinar Matemática, em todos os níveis, passa por algumas características/atitudes que vou aqui enumerar e comentar.

As experiências bem-sucedidas de ensino tiveram como base os seguintes aspectos – uns com maior grau e intensidade, outros com menor:

1. Trabalhar inicialmente as ideias matemáticas e, pouco a pouco, introduzir a linguagem matemática

2. Ensinar por compreensão, dizendo os porquês dos conceitos e procedimentos matemáticos

3. Evitar generalizações precoces

4. Trabalhar mais a metodologia "Pense um pouco sobre isso" e menos a "É assim que se faz"

5. Criar oportunidades para o estudante pensar

6. Valorizar mais o processo e menos o produto

7. Valorizar os conhecimentos prévios dos estudantes

8. Valorizar as estimativas e o cálculo mental

9. Valorizar a integração dos conteúdos matemáticos, trabalhando as diversas representações dos conceitos e procedimentos

10. Valorizar a integração da Matemática com outras áreas do conhecimento, buscando a interdisciplinaridade

11. Valorizar a elaboração e resolução de problemas

12. Dar ênfase às aplicações

13. Desenvolver uma atitude positiva em relação à Matemática

14. Não enfatizar os "erros" dos estudantes

15. Estimular a curiosidade, a imaginação e a criatividade dos estudantes

16. Estimular as conjecturas, a argumentação e a descoberta de padrões

17. Fazer uso das tecnologias digitais

Esperamos, com isso, poder contribuir para a tão sonhada melhoria da qualidade do ensino de Matemática em nossas escolas.

Vamos, então, a cada uma delas:

1 Trabalhar inicialmente as ideias matemáticas e, pouco a pouco, introduzir a linguagem matemática

Desde os primeiros anos de escolaridade é preciso enfatizar as ideias matemáticas e os significados naturalmente intuídos, e não apresentar precocemente a notação, a linguagem matemática. Por exemplo, para construir a ideia de quantidade e de número, é preciso propor atividades que envolvam as quantidades um, dois, três etc., perguntando algo como: "O que você tem de um no rosto? "ou "O que você tem de dois no seu corpo?", antes de escrever, precocemente, a representação dessas quantidades por meio dos símbolos 1, 2, 3, 4 ,5, ...

A linguagem matemática é útil e poderosa em outros níveis, por ser compacta e não ambígua. Nos níveis elementares mascaram de modo sofisticado ideias bastante simples, como as ideias de juntar quantidades (adição), de tirar uma quantidade de outra (subtração) ou de repartir igualmente (divisão). Devemos evitar apresentar precocemente para a criança codificações como 13 + 28; 35 − 16; 12 × 19; 36 ÷ 4. O trabalho com as ideias dessas operações ajudará a criança a descobrir qual operação deve ser usada para resolver um problema, o que tem sido uma grande dificuldade.

Já nos anos finais do Ensino Fundamental e no Ensino Médio, a *ideia de função* é bastante intuitiva e de fácil entendimento; por exemplo, ao colocar combustível em um veículo, o preço a se pagar é dado em *função* do número de litros que se coloca no tanque. O preço a se pagar pelo combustível depende da quantidade de litros que se coloca no tanque, portanto esta é a variável dependente, enquanto o número de litros é a variável independente. Simples, não? Quando essa situação é apresentada precocemente na linguagem matemática, os estudantes não conseguem entender.

Vejamos essa mesma ideia aplicada à linguagem matemática:

> Dado um conjunto A e um conjunto B, se a cada x de A corresponder um único y de B, dizemos que existe uma função definida em A e com valores em B e denotamos isso por $y = f(x)$, em que x é a variável independente e y a variável dependente.

Observe que a linguagem matemática, se apresentada precocemente, "esconde" as ideias. Ela deve ser introduzida pouco a pouco, após as ideias serem suficientemente trabalhadas. Em geral, as ideias matemáticas são bastante simples; o que, muitas vezes, dificulta o entendimento do conceito por parte do estudante é a linguagem, a codificação, a representação dessas ideias.

A linguagem, a terminologia e a notação especializada quando usada, o estudante deve sentir que sua introdução contribuiu, de modo essencial, para simplificar e elucidar um problema.

Vejamos o que dizem esses conceituados matemáticos brasileiros:

- "O ensino deve sempre enfatizar as ideias da Matemática e seu papel no desenvolvimento da disciplina" (ÁVILA, 1995).[1]

- "Do ponto de vista didático, o problema fundamental é que a apresentação formal da Matemática, na maior parte dos casos, esconde e dissimula os mecanismos de criação." (PERDIGÃO DO CARMO, 1974)[2]

2 Ensinar por compreensão, dizendo os porquês dos conceitos, procedimentos matemáticos

> "A Matemática, quando a compreendemos bem, possui não somente a verdade, mas também a suprema beleza."
> **Bertrand Russell**

> "A questão primordial não é o que sabemos, mas como sabemos."
> **Aristóteles**

Para que haja uma aprendizagem significativa, é preciso que o estudante compreenda o que está fazendo, que atribua significado ao que está aprendendo. Os conceitos trabalhados em aula devem fazer sentido para ele. Quando isso ocorre, há prazer em aprender; a aprendizagem, então, se dá de modo natural, e a aquisição do conhecimento por parte do aluno é maior, ao contrário de quando ele "aprende" apenas por memorização e mecanização.

Vejamos o que diz a Base Nacional Comum Curricular (BNCC): "...a BNCC orienta-se pelo pressuposto de que a aprendizagem em Matemática está intrinsicamente relacionada à compreensão, ou seja, à apreensão de significados dos objetos matemáticos, sem deixar de lado suas aplicações" (BNCC, p. 276).[3]

Para que isso ocorra, é necessário que o estudante conheça os porquês dos termos matemáticos, assim como a origem das regras, das definições, dos procedimentos e dos algoritmos.

Exemplo 1

Não basta decorar que a propriedade comutativa da adição diz que "a ordem das parcelas não altera a soma" sem analisar com o estudante que "comutativa" vem do verbo *comutar*, que significa "trocar", "permutar". Assim, ao trocar a ordem das parcelas, o resultado da adição (que é a soma) não se altera.

$$3 + 98 = 98 + 3$$

Observe que apresentamos uma aplicação da propriedade comutativa. É difícil somar 98 a 3, mas é muito fácil somar 3 a 98 falando 99, 100, 101. Só podemos fazer isso por causa da existência da propriedade comutativa da adição.

Exemplo 2

Aos símbolos 0, 1, 2, 3, 4, 5... do sistema de numeração decimal damos o nome de "algarismos" ou "dígitos". Por quê?

O nome "algarismo" é uma homenagem ao matemático árabe al-Khāwārizmi, do século IX (780-850), que divulgou por toda a Europa esses símbolos e o sistema de numeração decimal, inicialmente usados pelos hindus. O nome "algoritmo" também tem essa origem.

"Dígito" vem do latim *digitus*, que significa "dedo". Como o ser humano usou (e ainda usa) os dedos das mãos como recurso de contagem, talvez esteja aí a origem de uso da palavra.

Exemplo 3

Não basta mecanizar o algoritmo da divisão de um número natural por outro dizendo "1 não dá para dividir por 3; abraça o vizinho, porque 12 dá".

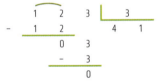

O estudante precisa compreender o que de fato está ocorrendo: 1 centena não dá para ser dividida por 3 de modo que o resultado dê centena, então trocamos 1 centena por 10 dezenas, e com as duas dezenas que já tínhamos, passamos a ter 12 dezenas. Logo, 12 dezenas divididas por 3 dá 4 dezenas. Ainda restam 3 unidades, que, divididas por 3, dá 1. Assim, o resultado da divisão 123 ÷ 3 é igual a 41.

Os algoritmos são importantes pois economizam tempo e, atualmente, compõem a base do pensamento computacional. Todavia, é essencial que o estudante compreenda seus mecanismos, e não simplesmente o executem automaticamente, como se fosse uma máquina.

Exemplo 4

A equação $x + 5 = 11$ pode ganhar significado com atividades como "Pensei em um número; a ele somei 5 e obtive 11. Em que número pensei?"; "Elisa guardava uma certa quantia. Ganhou 5 reais do avô e ficou com 11 reais. Quantos reais Elisa tinha economizado?"; ou "Felipe marcou um certo número na reta numérica, andou 5 para frente e chegou no 11. Que número ele tinha marcado?"

Pode-se também usar a ideia de equilíbrio da igualdade, com uma balança de dois pratos:

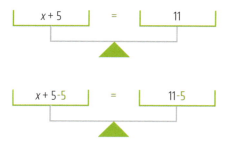

Ao retirar 5 de ambos os pratos, a balança continua equilibrada.

Algo que devemos evitar é logo passar a regra "muda de membro, muda de sinal" sem nenhum contexto. Com essas atividades, é bem provável que o estudante descubra por si só essa regra.

3 Evitar generalizações precoces

Um dos objetivos do ensino da Matemática é mostrar ao estudante a força das abstrações, das generalizações. Aliás, sempre foi dito que a Matemática é a ciência da abstração. Desse modo, é preciso partir de casos particulares e intuitivos para que o estudante por si só intua, descubra, o caso geral.

Exemplo 1

Usando a ideia de potenciação $3^2 = 3 \times 3$ e $4^2 = 4 \times 4$, podemos perguntar para o estudante o que seria $(3 + 4)^2$. Usando a ideia de potenciação, teríamos: $(3 + 4)^2 = (3 + 4) \cdot (3 + 4) = 3 \cdot 3 + 3 \cdot 4 + 4 \cdot 3 + 4 \cdot 4 = 3^2 + 2 \cdot 3 \cdot 4 + 4^2$, com a seguinte interpretação geométrica:

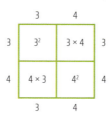

Depois que o estudante tentasse vários outros casos numéricos de potências de uma soma indicada, é provável que chegasse, pouco a pouco, à generalização $(a + b)^2 = (a + b) \cdot (a + b) = a^2 + 2 \cdot a \cdot b + b^2$ para quaisquer números naturais a e b.

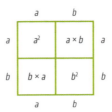

Ao passar precocemente a fórmula geral pronta $(a + b)^2 = a^2 + 2 \cdot a \cdot b + b^2$ para ser aplicada em atividades, o estudante não compreende essa característica marcante da Matemática, que é o poder da generalização, da abstração.

Exemplo 2

Quantos quadrados há nessa figura (não são 25!)?

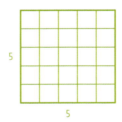

Vamos analisar casos mais simples, mais concretos, que viabilizam a contagem e a tentativa de generalização.

1º caso: Quantos quadrados há aqui?

2º caso: Quantos quadrados há aqui?

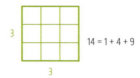

3º caso: Quantos quadrados há aqui?

Observe que no quadrado 1 por 1 encontramos 1; no quadrado 2 por 2, encontramos 5 – o 1 anterior e mais 4; no quadrado 3 por 3, já encontramos 14 – o 1 e o 4 anteriores e mais 9.

A pergunta para o estudante agora seria: "E no quadrado 4 por 4?" Pegaríamos os números anteriores – 1, 4, 9 – e acrescentaríamos quanto? Muito provavelmente sua resposta seria 16, ficando 1 + 4 + 9 + 16 = 30. O questionamento seguinte seria: "E em um quadrado 5 por 5? Qual adição daria o total de quadrados?". Muito provavelmente o estudante responderia: 1 + 4 + 9 + 16 + 25 = 55, que é a resposta à nossa pergunta inicial.

Vemos que 1 + 4 + 9 + 16 + 25 pode ser escrito como $1^2 + 2^2 + 3^2 + 4^2 + 5^2$. Este é um padrão, uma regularidade. Dessa maneira, se o quadriculado fosse 6 por 6, teríamos:

$$1^2 + 2^2 + 3^2 + 4^2 + 5^2 + 6^2 = 91$$

E agora o estudante poderia generalizar e dizer que se o quadriculado fosse n por n (sendo n qualquer número natural), teríamos:

$$1^2 + 2^2 + 3^2 + 4^2 + 5^2 + 6^2 + \ldots + n^2$$

4 Trabalhar mais a metodologia "Pense um pouco sobre isso" e menos a "É assim que se faz"

É importante desenvolver o protagonismo do estudante em sala de aula. O estudante precisa deixar de ser passivo para ser o agente da sua própria aprendizagem. A aprendizagem é um processo ativo. Aprende-se Matemática "fazendo Matemática". Esse conceito é reforçado por um provérbio chinês que diz: "Eu ouço, eu esqueço; eu vejo, eu lembro; eu faço, eu aprendo".

Como coloca a BNCC (p. 13), "[...] 'saber fazer' (considerando a mobilização dos conhecimentos, habilidades, atitudes e valores para resolver demandas complexas da vida cotidiana, do pleno exercício da cidadania e do mundo do trabalho) [...]".[3]

Deve-se deixar o estudante explorar e descobrir com suas próprias estratégias, erros e acertos; isso é essencial. É fundamental que ele seja protagonista do seu próprio processo de alfabetização matemática, como sujeito criativo, autônomo. O "eu faço Matemática, eu aprendo Matemática" aumenta a sua autoestima. Isso é destacado na BNCC (p. 479) quando se lê: "[...] é fundamental a adoção de tratamento metodológico que favoreça e estimule o protagonismo dos estudantes"[3]. E, nesse sentido, o professor passa a ser o orientador, o estimulador de perguntas, o catalizador e sistematizador das descobertas dos estudantes.

Assim, não há mais sentido de darmos tudo pronto e acabado para o estudante, usando a metodologia do "é assim que se faz", deixando para ele apenas as tarefas de estudar e exercitar, e ainda de modo repetitivo. "É assim que se multiplica"; "É assim que se divide"; "É usando esta fórmula que se encontra o número de diagonais de um polígono"; "É usando esta fórmula que se encontram as soluções de uma equação do 2º grau". Tudo se resume no "é assim que se faz".

Ao contrário disso, o professor deve ser o animador da aprendizagem, o estimulador de ideias novas e diferentes. Diante de perguntas de estudantes como "Professor, como se faz isso?", respostas que nos parecem adequadas se assemelham a: "Vamos pensar, juntos, um pouco sobre isso", pois, "se quisermos estudantes pensando por eles mesmos, devemos permitir-lhes tentar suas próprias ideias e respostas" (JOHNSON e RISING, 1972).[4]

Exemplo
Um possível diálogo:

Estudante: "Professor, o que eu faço para somar duas frações?"
Professor: "Vamos pensar juntos: imagine que você esteja no restaurante, comendo uma pizza que veio dividida em 6 partes iguais. Suponha, ainda, que você e seu irmão comeram ⅓ da pizza, e os seus pais comeram ½. Quanto da pizza todos comeram?"

Estudante: "É, tem que juntar $\frac{1}{3}$ da pizza com $\frac{1}{2}$ dela."
Professor: "Ótimo. E juntar é representado por qual operação matemática?"
Estudante: "Adição."
Professor: "Ótimo. Escreva então matematicamente esse fato."
Estudante: "$\frac{1}{3} + \frac{1}{2}$"
Professor: "Perfeito. Quanto é, $\frac{1}{3}$ a terça parte de 6 pedaços?"
Estudante: "São 2 pedaços."
Professor: "Isso, 2 pedaços de 6, ou seja $\frac{2}{6}$. E quanto é $\frac{1}{2}$, ou seja, a metade de 6 pedaços?"
Estudante: "3 pedaços"
Professor: "Isso, 3 pedaços de 6, ou seja, $\frac{3}{6}$. E se juntarmos tudo, quanto fica?"
Estudante: "5 pedaços"
Professor: "Ótimo, 5 pedaços de 6, ou seja, $\frac{5}{6}$ da pizza. Escreva aí o que fizemos."
Estudante: "Sim, $\frac{1}{3}$ da pizza + $\frac{1}{2}$ da pizza = $\frac{5}{6}$ da pizza, então $\frac{1}{3} + \frac{1}{2} + \frac{5}{6}$."
Professor: "Ótimo."

O professor poderia continuar estimulando o estudante a notar que $1/3$ é equivalente a $2/6$ e $1/2$ é equivalente a $3/6$, ambas frações com o mesmo denominador 6, e que, portanto, tanto faz somar $1/3 + 1/2$ como somar as suas frações equivalentes $2/6 + 3/6$, cujo resultado é $5/6$.

É possível avaliar se o estudante aprendeu dando-lhe outra adição, como $1/3 + 1/4$, observando se o estudante encontrou as frações equivalentes de mesmo denominador e conseguiu somá-las.

$1/3$ é equivalente a $4/12$

$1/4$ é equivalente a $3/12$

Portanto, $1/3 + 1/4 = 4/12 + 3/12 = 7/12$.

Dessa maneira, o estudante aprende, atribuindo significado e com orientação mínima do professor, a somar duas frações.

Observe que não foi dada a regra pronta; não se usou a metodologia "é assim que se faz". O estudante teve participação ativa e, estimulado pelo professor com perguntas adequadas, foi descobrindo o que fazer até chegar a uma resposta.

Provavelmente, em um próximo caso de adição de frações, o estudante poderá se sentir encorajado a encontrar sozinho as frações equivalentes às frações dadas que tenham o mesmo denominador e somá-las.

5 Criar oportunidades para o estudante pensar

"Pensar é agir sobre o objeto e transformá-lo."
Jean Piaget

Um dos principais objetivos de se ensinar Matemática é desenvolver o raciocínio, é fazer o estudante pensar. E como fazer isso? Não há como ensinar alguém a pensar diretamente. Por isso, criamos oportunidades para o estudante refletir por meio de desafios, quebra-cabeças, enigmas, situações lógicas e situações-problema desafiadoras.

Exemplo 1 – Situação lógica

> Em uma classe há 25 estudantes. É certeza absoluta que pelo menos 3 estudantes fazem aniversário em um mesmo mês. Por quê?

Muitos estudantes provavelmente responderão: "É lógico!" Se o ano tem 12 meses, e na turma são 25 estudantes, colocando dois estudantes em cada mês temos 24 e sobra 1, que também faz aniversário, completando, assim, os 3.

Exemplo 2 – Situação-problema

À noite, Paulinho e seu pai fizeram a lista de convidados para o seu aniversário. Serão 38 pessoas entre familiares e amigos. O pai de Paulinho decidiu alugar mesas quadradas e colocá-las em uma longa fila, uma encostada na outra. Cada lado da mesa comportaria uma única pessoa. Qual é o menor número de mesas que ele terá que alugar?

Este é um problema real e da vivência das crianças. Por isso, elas se envolverão com a situação-problema, inclusive emotivamente. Imaginarão como será a festa, quem estará presente, o que acontecerá no evento, que brincadeiras poderão fazer, se terão personagens ou não para alegrar a festa, de que tipo será o bolo, se terá brigadeiro, e até como se comportará o Paulinho na hora de apagar as velinhas. Tudo isso desenvolve a imaginação criativa das crianças.

O professor dirá que os estudantes poderão resolver o problema fazendo desenhos, diagramas e cálculos e usar tentativa e erro até chegarem ao resultado.

Provavelmente alguns farão desenhos de 3 mesas juntas e contarão quantos lugares darão e perceberão que são poucos. Então desenharão 10 mesas juntas e contarão os lugares, também observando que são poucos, e assim vão aumentando o número de mesas até encontrar 18.

Criar oportunidades para o estudante pensar

Outros estudantes poderão fazer alguns cálculos. Por exemplo:

$$38 - 2 = 36 \quad \text{e} \quad 36 \div 2 = 18$$

E ao serem perguntados "por que fizeram assim?" responderão: "tiramos as 2 pessoas das pontas e sobraram 36 pessoas; como uma estava olhando para a outra nas mesas, dividimos por 2 e obtivemos 18".

Outros ainda poderão fazer assim:

$$38 - 6 = 32 \quad 32 \div 2 = 16 \quad 16 + 2 = 18$$

Perguntados "por que fizeram assim?" provavelmente responderão: "tiramos as duas mesas das pontas com 6 pessoas; restaram 32 pessoas. Como uma estava olhando para a outra, dividimos por 2, e deu 16 mesas; em seguida, somamos as 2 mesas que havíamos tirado".

Muito provavelmente surgirão ainda outras soluções, outros raciocínios.

Exemplo 3 – Enigma: "Tem cinco no cinco. O que é?"

Depois de muito pensar, provavelmente os estudantes descobrirão que a solução do enigma são as 5 letras que formam a palavra "cinco".

Exemplo 4 – Quebra-cabeças

Os estudantes devem copiar essas figuras geométricas em papel-cartão, recortá-las e, com elas, montar um quadrado.

Este é o famoso quebra-cabeça chinês Tangram, formado por sete peças geométricas – cinco triângulos, um quadrado e um paralelogramo. Além de trabalhar as várias formas geométricas, o Tangram cria oportunidades para o estudante pensar logicamente e desenvolver a sua criatividade, pois ele pode formar as mais diversas figuras com essas peças.

Exemplo 5 – Desafio

Traçar quatro linhas retas sem tirar o lápis do papel e, ao mesmo tempo, cruzar os nove pontos.

Esse é um conhecido desafio que poucos estudantes resolvem de primeira porque não imaginam uma alternativa saindo da limitação do universo dos 9 pontos.

Concluindo, vejamos o que diz a BNCC a respeito disso, em uma das Competências Específicas de Matemática para o Ensino Fundamental: "Desenvolver o raciocínio lógico, o espírito de investigação e a capacidade de produzir argumentos convincentes, recorrendo aos conhecimentos matemáticos para compreender e atuar no mundo" (p. 267).[3]

E, também, "Assim, para o desenvolvimento de competências que envolvem raciocinar, é necessário que os estudantes possam, em interação com seus colegas e professores, investigar, explicar e justificar as soluções apresentadas para os problemas, com ênfase no processo de argumentação matemática" (p. 529).[3]

6 Valorizar mais o processo e menos o produto

Valorizar o processo que o estudante desenvolveu para chegar a uma solução é mais importante do que valorizar apenas os resultados.

Ao analisar os caminhos percorridos, os raciocínios adotados, as tentativas, as conjecturas levantadas, as intuições e deduções, os cálculos realizados, os diagramas desenhados, o professor terá muitos elementos para conhecer e avaliar o desempenho dos seus estudantes. Daí a importância de se dar questões abertas ou questões dissertativas para os estudantes resolverem sem enfatizar muito os testes de múltipla escolha.

Exemplo 1
Escreva sobre a matemática do jogo de xadrez.

Exemplo 2
Escreva sobre os triângulos cujas medidas de seus perímetros seja 12 cm.

(É provável que os estudantes pesquisem as condições de existência de um triângulo e descubram o triângulo retângulo de dimensões 3 cm, 4 cm e 5 cm, em que vale a relação de Pitágoras etc.)

Exemplo 3
Escreva um ensaio sobre círculos.

Exemplo 4

Dê exemplos e justifique:

- números primos entre 10 e 50.
- vários polígonos de quatro lados.
- uma operação entre números naturais que não seja comutativa.
- uma equação cuja solução é 5.
- um problema cuja resposta seja 10.

7 Valorizar os conhecimentos prévios dos estudantes

Uma atitude que tem dado bons resultados nas aulas de Matemática é iniciar a nossa ação pedagógica a partir do que os estudantes já sabem. Descobrir o que eles já conhecem é essencial como alicerce para as próximas atividades.

A Matemática é cumulativa. É desenvolvida de uma maneira lógica, como uma corrente, com um elo conectado com outro. Por exemplo, estudamos os números naturais (0, 1, 2, 3, ...) e, descobrindo que nem sempre é possível efetuar a subtração dos naturais e obter outro número natural ($2 - 3 = ?$), passamos a estudar os números inteiros (... −3, −2, −1, 0, 1, 2, 3, ...). Descobrindo que nem sempre o quociente entre dois números inteiros é um número inteiro ($2 \div 3 = ?$), passamos a estudar os números racionais (aqueles que podem ser escritos na forma de fração), e assim por diante. Cada elo dessa corrente depende dos elos anteriores. Se um dos elos apresentar falhas, elas influenciarão negativamente na corrente toda.

Então, retomar os conhecimentos anteriores, avançar e aprofundar; retomar, avançar e aprofundar (e assim por diante) é algo que vai solidificando e garantindo a aprendizagem. É o chamado *ensino em espiral*, que tem dado bons resultados nas aulas de Matemática.

A construção de um conceito matemático pelo estudante é processado no decorrer de um longo período, e não de modo estanque, isolado. Vai de estágios mais intuitivos aos mais formais, dos mais simples aos mais complexos. Ou seja, *a aprendizagem não é linear*, é um ir e voltar constante, que sempre parte dos conhecimentos prévios dos estudantes, ampliando-os e aprofundando-os, fazendo conexões com pontos que já foram estudados. O *ensino em espiral* possibilita revisar os objetos de conhecimento progressivamente, retomando, ampliando e consolidando competências e habilidades imprescindíveis para desenvolver o *letramento matemático,* definido como as competências e habilidades de raciocinar, representar, comunicar e argumentar matematicamente, de modo a favorecer o estabelecimento de conjecturas, a formulação e a resolução de problemas em uma variedade de contextos, utilizando conceitos e procedimentos, fatos e ferramentas matemáticas. É também o letramento matemático que assegura aos alunos reconhecer que os conhecimentos matemáticos são fundamentais para a compreensão e a atuação no mundo e perceber o caráter de jogo intelectual da matemática, como aspecto que favorece o desenvolvimento do raciocínio lógico e crítico, estimula a investigação e pode ser prazeroso (BNCC, p. 266).[3]

8 Valorizar as estimativas e o cálculo mental

8.1 Estimativa

Estimar, em Matemática, é determinar, de maneira aproximada, uma quantidade, uma medida, um valor etc. Por exemplo, estimar quantos estudantes há na escola, estimar a medida do comprimento da lousa, estimar o valor de um caderno em reais etc. É preciso estimular essa atitude de se fazer estimativas e, logo em seguida, conferir se a estimativa foi boa ou não, razoável ou não. Não existe estimativa correta ou errada; o que importa é se a estimativa foi razoável ou não, se foi próxima o suficiente ou não. Esse tipo de atividade aguça a observação, a comparação e o raciocínio e também auxilia o cálculo mental.

Exemplo 1
Estime, justifique a sua estimativa e confira:

a) Quantos grãos de feijão cabem em uma colher de sopa?

b) Quantas janelas tem a sua casa?

c) Quantos talheres são encontrados na gaveta da cozinha da sua casa?

Exemplo 2

Estime, justifique a sua estimativa e confira:

a) Quanto mede a largura da porta de entrada da sua sala de aula?

b) Qual é o comprimento da sua cama?

c) Quanto pesa uma maçã?

Exemplo 3

Estime, justifique a sua justificativa e confira:

a) 35 + 75 é maior ou menor do que 200?

b) 267 − 143 é maior ou menor do que 100?

c) 123 ÷ 3 é maior ou menor do que 50?

d) 13 × 12 é maior ou menor do que 150?

e) 829 − 378 é maior ou menor do que 400?

Todas as justificativas de estimativas devem ser compartilhadas com a turma, assim como as estratégias utilizadas.

Valorizar as estimativas e o cálculo mental

8.2 Cálculo mental

Quanto ao *cálculo mental*, ou "contas de cabeça", ele auxilia no desenvolvimento de habilidades como atenção, concentração, memória e agilidade para se calcular. Seu uso constante ajuda a compreender melhor o sistema de numeração, a composição e decomposição de números e as propriedades das operações.

Há muitas maneiras de se fazer arranjos com números para se facilitar o cálculo mental. É como se estivéssemos "brincando com os números".

Vamos "brincar" um pouco com números e operações:

a) Inicialmente começamos a brincar com "números pequenos", completando 10 (1 e 9, 2 e 8, 3 e 7, 4 e 6, 5 e 5). Por exemplo, 10 − 6 = 4; 3 + 7 = 10; 10 − 9 = 1 etc.

b) Em seguida, usamos o 10 para fazer adições e subtrações. Por exemplo: 13 + 4 = 10 + 3 + 4 = 10 + 7 = 17

- 8 + 7 = 8 + 5 + 2 = 8 + 2 + 5 = 10 + 5 = 15

- 18 − 12 = ?, 18 menos 10 é 8, e 8 menos 2 é 6

- 25 − 14 = ?, 25 menos 10 é 15, e 15 menos 4 é 11

c) Depois podemos usar números até 100. Exemplos:

- $38 + 20 = 30 + 8 + 20 = 30 + 20 + 8 = 50 + 8 = 58$

- $85 - 50 = 80 + 5 - 50 = 80 - 50 + 5 = 30 + 5 = 35$

- $50 - 28 = 50 - 30 = 20$ e $20 + 2 = 22$. Logo, $50 - 28 = 22$. Esse cálculo mental é o embrião da propriedade $50 - 28 = 50 - (30 - 2) = 50 - 30 + 2 = 20 + 2 = 22$, ou seja, $a - (b - c) = a - b + c$

- $94 + 18 = ?$ Se tirarmos 6 do 18 e colocarmos no 94, teremos 100 + 12 = 112, ou seja,

- $94 + 18 = 90 + 4 + 10 + 8 = 90 + 10 + 4 + 8 = 100 + 12 = 112$

- $27 + 36 = 20 + 7 + 30 + 6 = 20 + 30 + 7 + 6 = 50 + 7 + 3 + 3 = 50 + 10 + 3 = 60 + 3 = 63$

d) Algumas adições e subtrações em que os algarismos das unidades terminam em 7, 8 e 9:

- $35 + 29 = 35 + 30 - 1 = 65 - 1 = 64$

- $51 - 28 = 51 - 30 = 21$ e $21 + 2 = 23$. Logo, $51 - 28 = 23$.

Uma subtração interessante: quando o minuendo termina em zeros ou quando tem zeros intercalados:

Valorizar as estimativas e o cálculo mental

- 1.000 − 548 = ?

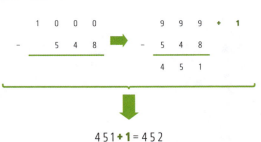

Assim:

- 1002 − 729 = ?

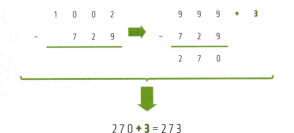

Logo:

$$\begin{array}{r} 1\,0\,0\,2 \\ -\ \ 7\,2\,9 \\ \hline 2\,7\,3 \end{array}$$

e) Multiplicações:

- $3 \times 20 = 60$, pois $3 \times 2 = 6$

- $20 \times 40 = 2 \times 10 \times 2 \times 20 = 2 \times 2 \times 10 \times 10 = 4 \times 100 = 400$

- $5 \times 16 = ?$

- 1ª maneira: $5 \times 10 = 50$ e $5 \times 6 = 30$; $50 + 30 = 80$

2ª maneira: $5 \times 16 = 10 \times 8 = 80$

3ª maneira: $5 \times 15 + 5 \times 1 = 75 + 5 = 80$

4ª maneira: $16 + 4 = 20$ e $5 \times 20 = 100$; $5 \times 4 = 20$ e $100 - 20 = 80$

f) Divisões:

- $800 \div 2 = 400$, pois $8 \div 2 = 4$; ou qual é o número que multiplicado por 2 dá 800? É o 400.

g) Operações diversas:

- 6.000 + 2.000 = 8.000, pois 6 + 2 = 8

- 8.000 − 5.000 = 3.000, pois 8 − 5 = 3

- 2 × 3.000 = 6.000, pois 2 x 3 = 6

- 9.000 ÷ 3 = 3 000, pois 9 ÷ 3 = 3

- 1.279 + 3 = ? → "Ande 3 para frente": 1.280, 1.281, 1.282

- 1.345 + 300 = ? → "Ande para frente de 100 em 100": 1.445, 1.545, 1.645

- 267 + 90 = ? → "Some 100 e tire 10": 267 + 100 = 367; 367 − 10 = 357

- 2.468 + 2.998 = ? → "Some 3.000 e tire 2": 2.468 + 3.000 = 5.468; 5.468 -2 = 5.466

- 2.327 − 40 = ? → "Volte 40 de 10 em 10": 2.317, 2.307, 2.297, 2.287

- 573 − 126 = ? → "Tire 100, tire 20 e tire 6" (porque 126 = 100 + 20 + 6), obtendo, respectivamente, 473, 453, 447

- 3 × 147 = ? → 3 × 100 + 3 × 40 + 3 × 7 = 300 + 120 + 21 = 300 + 100 + 20 + 20 +1 = 441

h) Método egípcio para fazer algumas multiplicações mentalmente: eles usavam mentalmente a compensação de dobros e metades. Por exemplo:

$32 \times 15 = ?$

32×15
16×30
4×120
2×240
1×480

$16 \times 17 = ?$

16×17
8×34
4×68
2×126
1×252

Assim, $32 \times 15 = 480$ e $16 \times 17 = 252$.

9 Valorizar a integração dos conteúdos matemáticos, trabalhando as diversas representações dos conceitos e procedimentos

> "Os diferentes tópicos da Matemática devem ser tratados de maneira a exibir sua interdependência e organicidade."
> (Ávila, 1995)[1]

Há bem pouco tempo, as unidades temáticas de objetos de conhecimento da Matemática (Números e operações; Álgebra; Geometria; Grandezas e medidas; e Probabilidade e estatística) eram trabalhadas de modo estanque, sem conversar uma com a outra. Agora, de acordo com a BNCC, "[...] no Ensino Médio o foco é a construção de uma visão integrada da Matemática, aplicada à realidade, em diferentes contextos" (p. 528).[3]

Para que essa integração ocorra plenamente é preciso "compreender e utilizar, com flexibilidade e precisão, diferentes registros de representação matemáticos (algébrico, geométrico, estatístico, computacional etc.), na busca de solução e comunicação de resultados de problemas" (BNCC, p. 531).[3]

Os variados enfoques e as diferentes representações de um mesmo objeto matemático clarificam e aprofundam a compreensão deste objeto – daí a sua grande importância.

Exemplo

A soma de dois números naturais é 8 e sua diferença é 2. Quais são esses números?

Poderíamos inicialmente dar uma representação aritmética e computacional desse problema e, por tentativa e erro, resolvê-lo, chegando na solução: os números são 5 e 3, pois:

$$5 + 3 = 8, \text{ e } 5 - 3 = 2$$

Poderíamos também contar com uma representação algébrica para ele, colocando um sistema de equações do 1º grau com duas incógnitas:

$$\begin{cases} x + y = 8 \\ x - y = 2 \end{cases}$$

e, resolvendo esse sistema, obtermos os valores $x = 5$ e $y = 3$.

Poderíamos, finalmente, dar ao exemplo uma representação geométrica, traçando no plano cartesiano as duas retas, $y = -x + 8$ e $y = x - 2$, e, no ponto de intersecção de ambas, encontrando o par ordenado (5, 3).

Valorizar a integração dos conteúdos matemáticos, trabalhando as diversas representações dos conceitos e procedimentos

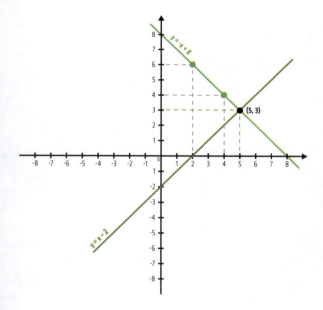

10 Valorizar a integração da Matemática com outras áreas do conhecimento, buscando a interdisciplinaridade

> "O ensino da Matemática deve ser feito de maneira bem articulada com o ensino de outras ciências [...]" (Ávila, 1995)[1]

> "A matemática deve estar conectada ao mundo e às outras disciplinas. As crianças devem perceber que a matemática representa um papel significativo nas artes, nas ciências e em estudos sociais. Isso sugere que a matemática deve ser integrada a outras áreas disciplinares e que as aplicações da matemática ao mundo real devem ser exploradas" (WALLE, 2009).[5]

> "Considerando que a matemática é uma ciência básica para todas as outras disciplinas e se desenvolve na proporção direta da sua utilidade, temos a convicção de que um currículo para todos os alunos deve dar oportunidades

> para a aquisição da compreensão de modelos, estruturas
> e simulações matemáticas aplicáveis a muitas discipli-
> nas" (NORMAS, p. 9).[6]

Não tem mais sentido ensinar Matemática pela Matemática, desvincu-
lada de outros contextos e de outras áreas do conhecimento.

> Assim, a BNCC propõe a superação da fragmentação radi-
> calmente disciplinar do conhecimento, o estímulo à sua
> aplicação na vida real, a importância do contexto para dar
> sentido ao que se aprende e o protagonismo do estudante
> em sua aprendizagem e na construção de seu projeto de
> vida (BNCC, p. 15).[3]

A BNCC enfatiza que "é preciso destacar a necessidade de 'romper com
a centralidade das disciplinas nos currículos e substituí-las com aspectos mais globalizantes e que abranjam a complexidade das relações
existentes entre os ramos da ciência no mundo real' (Parecer CNE/CEB
nº 5/2011)" (BNCC, p. 479).[3]

Ainda citando a BNCC, a primeira Competência Específica de Matemática
e suas Tecnologias para o Ensino Médio destaca a necessidade de "utilizar estratégias, conceitos e procedimentos matemáticos para interpretar
situações em diversos contextos, sejam atividades cotidianas, sejam fatos
das Ciências da Natureza e Humanas, das questões socioeconômicas
ou tecnológicas, divulgados por diferentes meios, de modo a contribuir
para uma formação geral" (BNCC, p. 531).[3]

Sobre contextualização, a BNCC preconiza que é preciso "contextualizar os conteúdos dos componentes curriculares, identificando estratégias para apresentá-los, representá-los, exemplificá-los, conectá-los e torná-los significativos, com base na realidade do lugar e do tempo nos quais as aprendizagens estão situadas" (BNCC, p. 16).[3] E também que:

> A contextualização dos conhecimentos da área supera a simples exemplificação de conceitos com fatos ou situações cotidianas. Sendo assim, a aprendizagem deve valorizar a aplicação dos conhecimentos na vida individual, nos projetos de vida, no mundo do trabalho, favorecendo o protagonismo dos estudantes no enfrentamento de questões sobre consumo, energia, segurança, ambiente, saúde, entre outras (BNCC, p. 549).[3]

Existe uma infinidade de possibilidades de se buscar um trabalho interdisciplinar da Matemática, contextualizando-o junto a outras áreas de conhecimento. Vamos citar apenas algumas.

Exemplo 1 – Estatística
Analisar situações econômicas e de impactos sociais pesquisados em gráficos, em dados do Instituto Brasileiro de Geografia e Estatística (IBGE), nos Censos, nas pesquisas de opinião em época eleitoral; interpretar taxas e índices de natureza socioeconômica, IDH, variação do dólar, variação da bolsa de valores, taxas de juros Selic e juros bancários; interpretar gráficos de evolução da pandemia da COVID-19 no Brasil.

Exemplo 2 – Geometria e Arte

Observar produções humanas, como fractais, obras de arte (como as de Escher), construção civil e arquitetura (construção de maquetes e proporcionalidade); explorar simetrias e padrões na natureza, nas criações de povos indígenas e africanos, nos mosaicos, nos artefatos etc.

Exemplo 3 – Probabilidade e o dia a dia

Trabalhar com as escolhas e os riscos probabilísticos, por exemplo; jogar na Mega-Sena ou não, reconhecendo as suas reais chances de ganhar; optar por viajar ou não, conhecendo a probabilidade de mau tempo; escolher uma operadora de telefonia sabendo qual é a probabilidade de bom atendimento ou não e conhecendo as condições apresentadas por cada uma delas; a probabilidade e as Leis de Mendel na Biologia.

Exemplo 4 – As funções e os modelos matemáticos

A ideia de proporcionalidade está presente em vários componentes curriculares, e o modelo matemático para estudá-la é a função linear. A função polinomial do $2^{\underline{o}}$ grau é o modelo matemático ideal para o estudo do movimento uniformemente acelerado em Física. A função exponencial é o modelo matemático ideal para calcular os juros compostos da Educação Financeira (empréstimos, financiamentos, juros do cartão de crédito ou do cheque especial etc.). Na Biologia, estudam-se os acréscimos exponenciais de microrganismos. A função logarítmica aparece na solução de problemas da Geologia (abalos sísmicos), da Química (pH), da Física (radioatividade) e da Arte (música). As funções trigonométricas apresentam-se como modelos para os fenômenos periódicos, tais como ciclo lunar e marés (Física), eletrocardiogramas (Biologia), ondas sonoras e deformação de molas (Física) etc.

11 Valorizar a elaboração e resolução de problemas

> *"A resolução de problemas foi e é a coluna vertebral da instrução Matemática desde o Papiro de Rhind."*
> **Polya**

> *"A razão principal de se estudar Matemática é para aprender como se resolve problemas."*
> **Lester Jr.**

Na BNCC, uma das Competências Gerais da Educação Básica é:

> Exercitar a curiosidade intelectual e recorrer à abordagem própria das ciências, incluindo a investigação, a reflexão, a análise crítica, a imaginação e a criatividade, para investigar causas, elaborar e testar hipóteses, **formular e resolver problemas** [grifos meus] e criar soluções (inclusive tecnológicas) com base nos conhecimentos das diferentes áreas (BNCC, p. 9).[3]

E, ao colocar os objetivos que devemos buscar, assim se expressa:

> No novo cenário mundial, reconhecer-se em seu contexto histórico e cultural, comunicar-se, ser criativo, analítico-crítico, participativo, aberto ao novo, colaborativo, resiliente, produtivo e responsável requer muito mais do que o acúmulo de informações. Requer o desenvolvimento de competências para aprender a aprender, saber lidar com a informação cada vez mais disponível, atuar com discernimento e responsabilidade nos contextos das culturas digitais, **aplicar conhecimentos para resolver problemas** [grifos meus], ter autonomia para tomar decisões, ser proativo para identificar os dados de uma situação e buscar soluções, conviver e aprender com as diferenças e as diversidades (BNCC, p. 14).[3]

Nas Competências Específicas de Matemática para o Ensino Médio se lê: "Utilizar estratégias, conceitos, definições e procedimentos matemáticos para interpretar, construir modelos e resolver problemas em diversos contextos, analisando a plausibilidade dos resultados e a adequação das soluções propostas, de modo a construir argumentação consistente" (BNCC, p. 531).[3]

> "Aprender a resolver problemas (ou seja, encontrar uma resposta adequada a uma situação única e nova para o solucionador de problemas) é talvez a mais significativa aprendizagem em todas as aulas de Matemática. É um processo para se aprender novos conceitos" (JOHNSON e RISING, 1972).[4]

Essas citações falam da grande importância da elaboração e resolução de problemas nas aulas de Matemática. Não sabemos qual conteúdo matemático o estudante de hoje precisará em sua vida produtiva daqui a 15 ou 20 anos, mas uma coisa é certa: ele precisará resolver novos problemas que surgirão. Dessa maneira, iniciá-lo o quanto antes nesse campo torna-se premente.

Alguns objetivos de se ensinar o estudante a elaborar e resolver problemas são: fazê-lo pensar produtivamente; desenvolver seu raciocínio; ensiná-lo a enfrentar situações novas; dar oportunidades de ele se envolver com aplicações da Matemática; tornar as aulas de Matemática mais desafiadoras; equipá-lo com estratégias para resolver problemas; e liberar sua criatividade.

11.1 Elaborar problemas

Elaborar ou inventar problemas é tão importante como resolver problemas.

Exemplos
- Invente um problema usando duas operações e cuja resposta seja 10;

- Elabore um problema usando uma equação do 1º grau cuja resposta seja 5.

Por que é importante que o estudante invente ou elabore problemas? Vejamos o que é colocado na BNCC:

> Convém reiterar a justificativa da expressão "Elaborar e resolver problemas" em lugar de simplesmente "Resolver problemas". Essa opção amplia e aprofunda o significado dado à resolução de problemas: a elaboração pressupõe que os estudantes investiguem outros problemas que envolvem os conceitos tratados; sua finalidade é também promover a reflexão e o questionamento sobre o que ocorreria se algum dado fosse alterado ou se alguma condição fosse acrescentada ou retirada (BNCC, p. 536).[3]

- "[...] Nessa perspectiva pretende-se que os estudantes também formulem problemas em outros contextos." (BNCC, p. 277).[3]

E, também, por Pozo: "O verdadeiro objetivo final da aprendizagem da solução de problemas é fazer com que o estudante adquira o hábito de propor-se problemas e resolvê-los como forma de aprender" (p. 15).[7]

11.2 Como se resolve um problema?

Segundo Polya, o "pai da resolução de problemas",[8] as etapas para se resolver um problema são:

1. ler e compreender o problema;

2. elaborar um plano;

3. executar o plano;

4. fazer a verificação ou retrospecto.

Observe, no quadro a seguir, um resumo do esquema adaptado de Polya:

1. Ler e compreender o problema
• Você leu e compreendeu corretamente o problema? • O que se pede no problema? • Quais são os dados e as condições do problema? • É possível fazer uma figura, um esquema ou um diagrama? • É possível estimar a resposta?
2. Elaborar um plano
• Qual é o seu plano para resolver o problema? • Que estratégia você tentará desenvolver? • Você se lembra de um problema semelhante a este que poderia ajudá-lo? • Tente organizar os dados em tabelas e gráficos. • Tente resolver o problema por partes. • Há alguma outra estratégia?
3. Executar o plano
• Execute o plano elaborado, desenvolvendo-o passo a passo. • Efetue todos os cálculos indicados no plano. • Execute todas as estratégias traçadas, obtendo várias maneiras de resolver o mesmo problema.

4. Fazer a verificação ou retrospecto
◆ Examine se a solução obtida está correta.
◆ Existe outra maneira de resolver o problema?
◆ É possível usar o método empregado para resolver problemas semelhantes?

11.3 Como propor problemas adequadamente

> *"Estudar matemática é resolver problemas. Portanto, a incumbência dos professores de matemática, em todos os níveis, é ensinar a arte de resolver problemas. O primeiro passo nesse processo é colocar o problema adequadamente."*
> **Thomas Butts**

A maneira como se coloca um problema para o estudante pode motivá-lo a querer resolvê-lo. Compare um mesmo problema enunciado de duas maneiras diferentes:

- "O triplo de um número mais um é igual a 100. Qual é este número?"

- "Um gavião chegou ao pombal e disse: 'adeus, minhas 100 pombas'. E as pombas, em coro, responderam: '100 pombas não somos nós; com mais dois tantos de nós e com você, gavião, cem pássaros seremos nós'. Quantas eram as pombas?"

A nossa experiência mostra que o segundo enunciado provoca muito mais o estudante a querer resolver o problema, a se empenhar em busca da solução. É preciso propor questões e problemas que possam despertar a capacidade inventiva do estudante, desafiá-lo a pensar, a relacionar e a usar criativamente sua experiência adquirida.

11.4 Elaboração e resolução de problemas como metodologia de ensino

Quando a elaboração e resolução de problemas é concebida como uma metodologia de ensino da Matemática, o ponto de partida da atividade matemática não é a definição, e sim o problema. Diante de uma situação-problema, o estudante, com o auxílio do professor, vai tentar resolvê-la de acordo com seus conhecimentos prévios; nessa tentativa, surgirão necessidades de desenvolver novos conceitos e procedimentos. Com a ajuda mínima do professor, o estudante vai incorporando tais conceitos e elementos matemáticos, avançando na resolução da situação-problema. Nesse sentido, a elaboração e resolução de problemas torna-se um método de ensino da Matemática. É diferente de se aprender a teoria e depois usar uma situação-problema como exemplo de aplicação.

12 Dar ênfase às aplicações da matemática

> *"Não há ramo da Matemática, por mais abstrato que seja, que não possa um dia vir a ser aplicado aos fenômenos do mundo real."*
> ***Lobachevsky***

Qual professor de Matemática já não ouviu perguntas como: "Professor, pra que serve isso? Onde vou usar isso na minha vida?" A BNCC responde com essa colocação: "O conhecimento matemático é necessário para todos os estudantes da Educação Básica, seja por sua grande aplicação na sociedade contemporânea, seja pelas suas potencialidades na formação de cidadãos críticos, cientes de suas responsabilidades sociais" (p. 265).[3] E mais: "[...] No Ensino Médio o foco é a construção de uma visão integrada da matemática, aplicada à realidade, em diferentes contextos." (p. 528).[3]

No item sobre interdisciplinaridade e contextualização, demos muitos exemplos de aplicações da Matemática em várias áreas. Elas são fundamentais, em todos os níveis, para que o estudante perceba a grande importância de se estudar Matemática e para o quê ela serve. Observe o que dizem dois renomados matemáticos brasileiros:

As aplicações são empregos das noções e teorias da Matemática para obter resultados, conclusões e previsões em situações que vão desde problemas triviais do dia a dia a questões mais sutis que surgem noutras áreas, quer científicas, quer tecnológicas, quer mesmo sociais. As aplicações constituem a principal razão pela qual o ensino da Matemática é tão difundido e necessário, desde os primórdios da civilização até os dias de hoje e certamente cada vez mais no futuro. Como as entendemos, as aplicações dos conhecimentos matemáticos incluem a resolução de problemas, essa arte intrigante que, por meio de desafios, desenvolve a criatividade, nutre a autoestima, estimula a imaginação e recompensa o esforço em aprender.

Encontrar aplicações significativas para a matéria que está expondo é um desafio e deveria ser uma preocupação constante do professor. Elas devem fazer parte das aulas, ocorrer em muitos exercícios e ser objeto do trabalho em grupo.

Cada novo capítulo do curso deveria começar com um problema cuja solução requeresse o uso da matéria que vai começar a ser ensinada.

A falta de aplicações para os temas estudados em classe é o defeito mais gritante do ensino da Matemática em todas as séries escolares (LIMA, 2007).[3]

Dar ênfase às aplicações da matemática

- "O ideal é que o professor esteja sempre preparado com exemplos de aplicações para serem apresentados nos momentos mais oportunos" (ÁVILA, 1995).[1]

13 Desenvolver uma atitude positiva em relação à Matemática

Em geral, os estudantes chegam à escola com uma atitude negativa em relação à Matemática. Isso é fruto da convivência com adultos que dizem que Matemática é difícil, que é árida, que é só para poucos, que nunca se deram bem nesse assunto etc. Muitas pessoas chegam mesmo a se orgulhar de não serem bons em Matemática, por exemplo. E é com essa projeção negativa que o professor vai trabalhar. É preciso antes "desconstruir" tais atitudes e desenvolver outras mais desejáveis.

Especialistas apontam que uma atitude positiva em relação à Matemática e o bom desempenho nesta disciplina é algo mútuo, uma via de mão dupla; um acarreta o outro.

Para desenvolver uma atitude positiva em relação à Matemática é importante falar (e mostrar concretamente) sobre a sua importância em nossas vidas, em nossa sociedade; a sua necessidade em diferentes carreiras; o seu uso no nosso dia a dia e nas outras ciências; a sua presença na música e na arte; a sua correspondência com a curiosidade intelectual do ser humano; a sua presença nos passatempos, jogos e entretenimentos ou, ainda, nos padrões e regularidades da natureza; a sua importância para as tecnologias digitais; a sua influência para o desenvolvimento de robôs e a sua presença nos robôs e na inteligência artificial; a sua importância na Educação Financeira, nas construções e na arquitetura e nas previsões de toda natureza (política, meteorológica, nas loterias etc.). E isso, trabalhado com entusiasmo e constância, pode motivar o estudante a gostar de Matemática, fazendo-o, a partir desse gostar, se envolver mais na área e ter excelente desempenho dentro dela.

Basta ver o envolvimento de alguns jovens com os *videogames*. Eles falam de *videogames*, compram revistas sobre o assunto, pesquisam sobre ele, citam vários jogos de *videogames* antigos e atuais, formam grupos para jogar *videogames* na escola, se encontram com amigos que estejam interessados em *videogames*, assistem e participam de campeonatos de *videogames*, conhecem o último modelo lançado de *videogames*, jogam *videogames* com os pais e familiares, esquecem até de se alimentar por causa dos *videogames* etc.

Essa atitude positiva em relação aos *videogames* determina o tempo que o jovem se dedica a eles. Que tal buscarmos isso em relação à Matemática, criando situações agradáveis para que haja aprendizagem significativa?

Conversar sobre o que é a Matemática ou sobre episódios interessantes da História da Matemática; apresentar curiosidades matemáticas, paradoxos matemáticos (como o de Aquiles e a tartaruga, atribuído a Zenão), jogos, quebra-cabeças, enigmas, desafios e truques matemáticos; estimular a escrita de um poema matemático ou uma redação sobre triângulos; criar um novo sistema de numeração; incentivar a pesquisa disso tudo na internet; convidar um matemático para fazer uma palestra; estas são algumas das iniciativas para que o estudante encontre prazer em ser parte dessa aventura criativa, que é aprender com significado essa maravilhosa invenção humana que é a Matemática.

14 Não enfatizar os "erros" dos estudantes

"Quem nunca errou nunca experimentou nada novo."
Albert Einstein

Sugerimos que o professor dê maior ênfase aos acertos, a todas as coisas corretas que o estudante fizer, estimulando sempre sua iniciativa, seu protagonismo e sua autonomia. Use os erros como meios, como alavanca de aprendizagem, nunca como ameaça ou punição. É nesta ocasião que os estudantes têm oportunidade de fazer revisões e aprender coisas novas. Os cientistas afirmam que aprendemos mais com nossos erros; quando erramos, o cérebro trabalha mais. Devemos encorajar o estudante a descobrir onde errou, por que errou e o que poderia fazer para consertar o erro, ou seja, a estudar o seu erro e buscar novos caminhos.

Observe o que falam alguns especialistas:

- "(...) os erros fazem parte do processo de aprendizagem, devendo ser explorados e utilizados de maneira a gerar novos conhecimentos, novas questões, novas investigações, em um processo permanente de refinamento das ideias discutidas" (SMOLE, 2000).[10]

- "os erros não devem ser considerados como fracassos, mas como fonte de informação para o professor na sua tarefa de orientador e para a auto avaliação do estudante" (POZO, 1998).[7]

  > O erro deve ser uma pista a ser investigada. O objetivo é descobrir até que ponto o raciocínio foi feito corretamente e a partir de qual momento deixou de ser. O erro deve ser colhido – pelo próprio estudante, pelo professor e pelos colegas – e compreendido como um caminho natural rumo ao objetivo final desejado (FUNDAÇÃO LEMANN,).[11]

  > Na escola, no ambiente de trabalho, quando aprendemos uma arte ou um esporte, somos ensinados a temer, ocultar ou evitar os erros. Mas os erros têm um valor inestimável. Antes de tudo, um valor como matéria-prima do aprendizado. Se não cometermos erros, provavelmente não chegaremos a fazer nada (STEPHEN, 1993).[12]

  > Quando um erro é usado como fonte de novas descobertas, está sendo considerada a possibilidade de que este erro se transforme em um problema para que os estudantes (e o professor) se debrucem sobre ele e tentem inventar soluções que promovam o aprendizado (CURY, 2007).[13]

Aprendemos por tentativa e erro e não por tentativa e acerto. Os erros são "tocs" que levam a gente a pensar em algo diferente. [...] Se cometer um erro, trate de usá-lo como ponto de apoio para uma ideia nova, que, sem isso, você não descobriria (VON OECH, 1995).14

15 Estimular a curiosidade, a imaginação e a criatividade do estudante

> *"Se mantivermos despertas as capacidades criadoras das crianças, se as guiarmos de modo discreto, obteremos aprendizagem melhor que toda a que pôde ser obtida até agora."*
> **E. Paul Torrance**

> *"A principal meta da educação é criar homens que sejam capazes de fazer coisas novas, não simplesmente repetir o que outras gerações já fizeram. Homens que sejam criadores, inventores, descobridores."*
> **Jean Piaget**

> *"(...) deve-se transmitir para os estudantes não só informações de matemática, mas o saber como fazer, a independência, a originalidade e a criatividade."*
> **George Polya**

Ao nível dos professores como dos estudantes, percebe-se em toda parte, a mesma preocupação, a mesma exigência do nosso tempo, a imaginação, a invenção, a iniciativa, a

> criatividade [...] No próprio momento em que a criatividade está cada vez menos na base da educação, ela se torna, por ordem das necessidades do mundo moderno, cada vez mais essencial. É urgente reanimá-la (BEAUDOT, 1975).[15]

Na BNCC, entre as Competências Gerais da Educação Básica, destacam-se:

> Exercitar a curiosidade intelectual e recorrer à abordagem própria das ciências, incluindo a investigação, a reflexão, a análise crítica, a imaginação e a criatividade, para investigar causas, elaborar e testar hipóteses, formular e resolver problemas e criar soluções (inclusive tecnológicas) com base nos conhecimentos das diferentes áreas (BNCC, p. 9).[3]

Iniciativa, protagonismo, invenção, imaginação, inovação, criatividade, aventura e coragem são características frequentemente arroladas como desejáveis em um projeto educativo. Contudo, como sempre foi concebido e desenvolvido esse projeto, essas características são esperadas emergindo do estudante, mais como produto final da educação do que fazendo parte constante do desenvolvimento educativo.

E se concentrarmos a atenção no Ensino da Matemática, em vez de na Educação em geral, vamos ver que a situação não era muito diferente até pouco tempo atrás. De um modo geral, não havia lugar para essas características no ensino da Matemática, pois em vez de ser vista como área de atribuição de significados por parte do jovem que chegava à escola, era considerada uma área pronta, acabada, de conhecimento e de informação a serem transmitidos.

Estimular a curiosidade, a imaginação e a criatividade do estudante

Desde a elaboração dos Parâmetros Curriculares Nacionais (PCNs), e agora com o advento da BNCC, esse quadro tem mudado radicalmente, pois em tais documentos se enfatiza o protagonismo do estudante, a iniciativa, a exploração, a inovação e a criatividade.

Em vez de um estudante responder ao comando "3 × 4" com um pronto "12", de modo memorizado, agora ele atribui significado ao que está fazendo, tal como imaginar 3 × 4 como 3 grupos de 4:

3 grupos de 4

Ou relacionar com a adição de 3 parcelas iguais a 4 (4 + 4 + 4), ou com uma situação-problema semelhante a: "Elisa quer comprar 3 canetas. Cada uma delas custa R$ 4,00. Quanto ela gastará?", ou, ainda, observar a reta numérica e caminhar nela de quatro em quatro, 3 vezes, chegando no 12.

Ou imaginar e desenhar três quadrados e contar o total de vértices.

Todos esses relacionamentos são intuitivos, evidenciam-se fortemente para o estudante e o iluminam, fazendo sentido para ele. Não se trata mais de repetir milhões de vezes 3 × 4 = 12 até decorar, memorizar.

Atualmente, o estudante pode ter liberdade para pensar, imaginar, explorar, descobrir, fazer estimativas, experimentar suas próprias intuições e atribuir seus próprios significados aos conceitos e procedimentos. Não se trata mais de se basear na dicotomia certo-errado (certo = sucesso e errado = fracasso), só em resultado interessando e sendo avaliado. Agora, o que importa é o processo, as várias representações e interpretações de um mesmo fato.

15.1 Curiosidade

Para despertar a curiosidade do estudante, algumas atividades, como essas abaixo, têm dado resultado em sala de aula.

- Por que será que números como 2, 3, 5, 7, 11... são chamados de números primos?

- Por que será que algumas frações são chamadas de próprias e outras de impróprias?

- Por que será que nas ambulâncias a palavra AMBULÂNCIA vem escrita de forma invertida?

- Por que a maioria das caixinhas de remédios tem a forma de um paralelepípedo?

15.2 Imaginação

> *"A imaginação é mais importante que o conhecimento."*
> **Albert Einstein**

Para estimular a imaginação criativa do estudante, algumas atividades do "E se ...", como essas abaixo, têm dado resultados bastante positivos em sala de aula.

- E se todos os objetos fossem redondos, o que aconteceria?

- E se a gente tivesse 6 dedos em cada mão?

- E se a gente só tivesse a adição? Como se daria o troco em uma compra?

- E se não tivéssemos o metro, como faríamos medidas?

- E se por 5 minutos cessasse a força da gravidade?

- E se não tivesse notas na escola?

- E se você vivesse 200 anos?

- E se não existissem os números?

- E se você pudesse voar?

15.3 Criatividade

- " [...] a Matemática não diz respeito a números, mas à vida. Ela versa sobre o mundo em que vivemos. Diz respeito a ideias. E longe de ser monótona e estéril, como tantas vezes é retratada, ela é repleta de criatividade [...]" (DEVLIN, citado por BOALER, p. 19).[16]

Embora não haja consenso entre os especialistas sobre uma definição para o termo "criatividade", informalmente todos nós temos ideia do significado dessa palavra. Dizemos coisas tais como: "Leonardo da Vinci, Thomas Edison e Shakespeare foram criativos"; "Felipe é um estudante criativo"; "Que ideia criativa, bem bolada!"; "Neymar, Messi e Cristiano Ronaldo são jogadores criativos"

É nesse sentido informal que vamos usar a palavra "criatividade". É o que tem a ver com algo novo, diferente, original, inédito, não rotineiro, único, singular, infrequente, não convencional, não padronizado, algo "fora da caixa" em um determinado tempo e lugar, que é aceito como útil por um grande número de pessoas.

Quando dizemos que um produto ou um estudante é criativo é porque estamos comparando-o, relacionando-o a outros elementos do mesmo universo e da mesma época. Assim, é possível dizer que o conceito de criatividade é relativo.

Já sabemos também que todas as pessoas são criativas; o que varia é o grau de criatividade em cada uma delas. Algumas pessoas são mais criativas, outras são menos. E que este grau de criatividade pode ser aumentado com atividades e estratégias adequadas, como colocam Torrance e Torrance (1974).[17]

Outro aspecto já estudado é que um ambiente social propício pode favorecer o desenvolvimento da criatividade. A criatividade é um processo sociocultural; não depende só das condições internas de cada indivíduo. Esta é uma excelente indicação para transformarmos a sala de aula em um ambiente propício para o desenvolvimento da criatividade dos nossos estudantes. Esse ambiente, entre outras coisas, deve estimular a inovação, além de encorajar as ideias originais, a exploração de conceitos, a iniciativa questionadora e a criação de produtos inéditos, como soluções de problemas desafiadores, descoberta de uma propriedade ou de um padrão etc.

D'Ambrosio (1979), ao escrever sobre metas e objetivos da Educação Matemática, explica: "Certamente a criação de uma atmosfera de busca, interdisciplinar e não pressionada por um currículo padronizado *a priori*, seria muito mais favorável para o processo criativo que esperamos da Matemática".[18]

Stein (1974), citado por Alencar (2003), também chama a atenção para a importância de se ter um ambiente que facilite a emersão da criatividade:

> Estimular a criatividade envolve não apenas estimular o Indivíduo, mas também afetar seu ambiente social e as pessoas que nele vivem. Se aqueles que circundam o indivíduo não valorizam a criatividade, não oferecem o ambiente de apoio necessário, não aceitam o trabalho criativo quando este é apresentado, então é possível que os esforços criativos do indivíduo encontrem obstáculos sérios, senão intransponíveis.[19]

Deixou-se de lado a visão de que a criatividade aparece apenas como um "passe de mágica", uma "inspiração súbita", um estalo intelectual, um momento de extraordinária inspiração e iluminação, um *insight*. Embora isso possa ocorrer, predomina, atualmente, a ideia de que a dedicação e o esforço contínuo, a persistência, a disciplina, o conhecimento profundo daquilo que se faz são fatores que também levam o indivíduo a produzir algo criativo. Essa é outra boa indicação para se levar aos estudantes em sala de aula.

Guilford (1967),[20] assim como Torrance (1974),[17] descreveram os processos de pensamento, destacando entre eles as habilidades de produção divergente (que busca o maior número possível de soluções para uma questão ou um problema que move a faculdade criadora, a imaginação, a fantasia), que, por sua vez, estão relacionadas ao pensamento criativo. Eles também ressaltam aspectos do pensamento divergente, que são as habilidades de fluência, flexibilidade, originalidade e elaboração.

- **Fluência:** habilidade de o indivíduo gerar um grande número de ideias em um tempo determinado. Por exemplo: em 3 minutos, lembrar o maior número de objetos que tenham a forma de um cilindro. Em 5 minutos, escrever o maior número de palavras da Matemática que terminam com "ão".

- **Flexibilidade:** habilidade que implica em ver um problema sob vários enfoques, em mudar um certo padrão de pensamento. Por exemplo: brinque livremente com os números 2, 5 e 32, relacionando-os e escrevendo equações verdadeiras. Há muitas possibilidades e não apenas uma resposta certa. Pode se usar os símbolos +, -, x, ÷ e ( ). Por exemplo, $2/5 \div 32 = 1/80$.

- **Originalidade:** habilidade que implica em dar respostas incomuns a um problema ou uma situação. Por exemplo: encontrar todos os valores de p, q, r e s que satisfaçam a igualdade $(p - q) \cdot (r - s) = 24$. É muito comum os estudantes atribuírem valores inteiros positivos para p, q, r e s. É incomum, é original, se um estudante atribuir valores negativos para p, q, r e s, como $p = -1$, $q = -5$, $r = -2$ e $s = -8$, obtendo $(4) \cdot (6) = 24$.

- **Elaboração:** acrescentar detalhes a uma informação, completar um problema, elaborar um problema a partir de alguns dados.

Saber elaborar um problema é tão importante quanto resolvê-lo corretamente. Nesse processo, precisa-se criar não apenas um texto adequado, como também números coerentes e perguntas pertinentes. Há várias maneiras de se fazer isso: mostrando uma ilustração para o estudante e pedir a ele que invente um problema a partir dela; apresentar um cardápio com preços de uma lanchonete e pedir ao estudante que elabore um problema; dar um tema para o estudante (por exemplo, economia de água) formular um problema; apresentar um problema no qual faltem dados para o estudante completar e resolvê-lo.

Finalizando

Se queremos formar pessoas criativas, independentes e autônomas, com pensamentos reflexivos, para enfrentar os sérios desafios de hoje e do futuro e tomar decisões adequadas, nada é melhor do que estimular a criatividade dos estudantes desde a Educação Infantil. Portanto, deve-se criar um ambiente propício e prazeroso em sala de aula a fim de que eles sejam livres para pensar, imaginar, explorar, descobrir, inventar e resolver problemas desafiadores de várias maneiras diferentes e, também, para compartilhar e comunicar livremente suas descobertas aos seus pares, sem pressões de certo/errado, rompendo com as amarras protocolares do sistema e favorecendo o trabalho cooperativo. Fazer da sala de aula uma verdadeira incubadora de pessoas criativas: essa seria a utopia maior de todo educador.

Beaudot[15] cita a lista de princípios sustentados por Torrance para que a criatividade não seja sufocada:

> Respeitar as perguntas das crianças e levá-las a encontrar, elas mesmas, as respostas;
>
> Respeitar as ideias originais inabituais e fazer com que a criança lhes descubra o valor;

Mostrar às crianças o valor de suas ideias;

Adotar as que possam ser adotadas numa classe;

Dar trabalho livre para as crianças, sem ameaça de nota ou julgamento de valor, ou crítica;

Nunca formular julgamento sobre a conduta das crianças sem explicar sempre suas causas e consequências.

16 Estimular as conjecturas, a argumentação e a descoberta de padrões

16.1 Conjecturas

Algo bem característico da Matemática e que motiva muito os estudantes é fazer conjecturas e descobrir padrões ou regularidades. A Matemática desenvolveu-se, em grande parte, em razão das conjecturas levantadas pelos matemáticos e suas posteriores provas (demonstrações) ou refutações. É tão fundamental para a Matemática trabalhar com a descoberta de padrões que alguns estudiosos da área a consideram a ciência das descobertas de padrões, algo que poderia ser incentivado entre os estudantes desde cedo.

Na BNCC, encontramos: "Com relação à competência de argumentar, seu desenvolvimento pressupõe também a formulação e a testagem de conjecturas, com a apresentação de justificativas [...]" (p. 530).[3]

E nas Competências Específicas de Matemática para o Ensino Médio, vemos:

Investigar e estabelecer conjecturas a respeito de diferentes conceitos e propriedades matemáticas, empregando estratégias e recursos, como observação de padrões, experimentações e diferentes tecnologias, identificando a necessidade, ou não, de uma demonstração cada vez mais formal na validação das referidas conjecturas (p. 531).[3]

Ao formular conjecturas com base em suas investigações, os estudantes devem buscar contraexemplos para refutá-las e, quando necessário, procurar argumentos para validá-las. Essa validação não pode ser feita apenas com argumentos empíricos, mas deve trazer também argumentos mais "formais", incluindo a demonstração de algumas proposições (p. 540).[3]

Exemplo de conjectura e de contraexemplo
Peça aos estudantes que somem dois números pares, fazendo isso várias vezes com dois números pares diferentes. Depois pergunte o que eles notaram. Provavelmente irão falar que a soma de dois números pares é sempre um número par. Quando respondem isso, eles estão fazendo uma conjectura, levantando uma hipótese, pois testaram apenas alguns exemplos particulares. Para verificar que essa afirmação é verdadeira para quaisquer dois números pares, é preciso fazer uma prova, uma demonstração mais formal.

Exemplo de prova ou demonstração

Um número par pode ser representado por $2n$, com $n = 0, 1, 2, 3, \ldots$ Vamos considerar outro par representado por $2m$, com $m = 0, 1, 2, 3, \ldots$ A soma dos dois será $2n + 2m = 2(n + m) = 2k$, com $k = 0, 1, 2, 3, \ldots$, ou seja, a soma de dois números pares quaisquer – $2n$ e $2m$ – é um número par – $2k$ –, com $k = 0, 1, 2, 3, \ldots$ Esse é um exemplo de raciocínio hipotético-dedutivo, pois da hipótese de que dois números quaisquer são pares, deduzimos logicamente que a soma deles também é par.

Peça agora aos estudantes que, em diversas tentativas, somem dois números ímpares, cada vez com números ímpares diferentes, e depois pergunte a eles o que perceberam. Provavelmente dirão que a soma de dois números ímpares não é ímpar, e sim par.

Neste caso, para provar a negação de afirmações como "para quaisquer que sejam" ou "para todo", basta dar um contraexemplo para refutá-las. Por exemplo:

$$3 + 5 = 8$$

3 é ímpar; 5 é ímpar; mas a soma deles (8) é par

Assim, podemos afirmar não ser verdadeiro que para quaisquer dois números ímpares a soma deles também é ímpar. Demos um contraexemplo que derrubou essa afirmação.

Padrões

A observação e a descoberta de padrões ou regularidades é um excelente exercício de raciocínio lógico. Dado o início de uma sequência, peça ao estudante que continue usando o mesmo padrão. É como se perguntasse ao estudante "Qual é a lógica dessa sequência? Descubra-a e continue de acordo com ela."

Exemplos de padrões ou sequências lógicas.

Descubra um padrão e continue a sequência com ele.

a) AB1, AC2, AD3, AE4, AF5, ------, -------, --------

b) 1, 2, 3, 5, 7, 11, 13, -------, --------, ---------

c)

| 3 palitos, 1 triângulo | 5 palitos, 2 triângulos | 7 palitos, 3 triângulos | 9 palitos, 4 triângulos |

Estimular as conjecturas, a argumentação e a descoberta de padrões

d) Quantas bolas estão escondidas?
Quantas bolas tem o colar?
Quantas bolas pretas tem o colar?

e) Talvez a sequência lógica mais famosa da Matemática seja essa:

Descubra um padrão e continue.

1, 1, 2, 3, 5, 8, 13, 21, 34, 55, ------- ,--------- , ----------- , ------------

É a famosa **Sequência de Fibonacci**. Solicite aos estudantes que pesquisem sobre ela. Nela, aparece o número de ouro dos gregos (aproximadamente 1, 618), ou razão áurea, que está presente em nós, nas espirais em conchas, no miolo da flor margarida ou do girassol, na fachada do Partenon em Atenas, nas artes etc.

16.2 Argumentar

Justificar, explicar, argumentar como um problema ou uma questão foi resolvida de determinada maneira faz parte da aprendizagem significativa da Matemática. É preciso que isso seja mais presente em sala de aula, com o estímulo do professor. Não basta fazer; é preciso saber explicar por que se fez daquela maneira, e não de outra. Isso desde os Anos Iniciais do Ensino Fundamental, com os algoritmos das quatro operações, chegando em cálculos de áreas e volumes, resolução de equações de 1º e 2º graus, problemas de análise combinatória etc.

Ao explicar, ao argumentar, o estudante expõe como foi realizado o encadeamento lógico do seu raciocínio e dá oportunidade para outros estudantes e o professor compartilharem outras ideias. Do confronto dessas intervenções, surge uma aprendizagem mais duradoura.

Segundo Boaler (2019),[16]

> Uma das partes mais importantes na aprendizagem da matemática é fazer uso do raciocínio. Isso envolve explicar por que algo faz sentido e como as diferentes partes de uma solução matemática levam de uma para outra. Alunos que aprendem a raciocinar e a justificar suas soluções também estão aprendendo que matemática envolve encontrar um sentido. Raciocinar é fundamental para a disciplina matemática. Raciocinar e justificar são atos essenciais e é muito difícil se envolver neles sem falar (p. 36).

> "Por que isso funciona? De onde ele vem? Como ele se encaixa nos métodos que apendemos anteriormente?" [...] Os alunos tendem a raciocinar ao serem solicitados, por exemplo, a justificar as suas afirmações matemáticas, explicar por que algo faz sentido ou defender suas respostas e seus métodos (BOALER, 2019).[16]

Vejamos também o que o famoso matemático russo Pogorélov (1974) propõe sobre a importância de se argumentar e raciocinar:

> Ao oferecer o presente curso partimos de que a tarefa essencial do ensino da geometria na escola consiste em ensinar o aluno a raciocinar logicamente, argumentar suas afirmações e demonstrá-las. Muito poucos dos que saem da escola serão matemáticos e muito menos geômetras. Também haverá os que não a usam, nem uma vez em sua atividade prática o teorema de Pitágoras. Sem dúvida, dificilmente haverá um só que não deva raciocinar, analisar, argumentar ou demonstrar.[21]

17 Fazer uso das tecnologias digitais

Uma das Competências Gerais da Educação Básica, de acordo com a BNCC, chama a atenção para a importância do uso das tecnologias digitais:

> Compreender, utilizar e criar tecnologias digitais de informação e comunicação de forma crítica, significativa, reflexiva e ética nas diversas práticas sociais (incluindo as escolares) para se comunicar, acessar e disseminar informações, produzir conhecimentos, resolver problemas e exercer protagonismo e autoria na vida pessoal e coletiva (p. 9).[3]

Além disso, uma das Competências Específicas de Matemática para o Ensino Fundamental indica: "Utilizar processos e ferramentas matemáticas, inclusive tecnologias digitais disponíveis, para modelar e resolver problemas cotidianos, sociais e de outras áreas de conhecimento, validando estratégias e resultados" (p. 267).[3]

O matemático Marcelo Viana, diretor do Instituto de Matemática Pura e Aplicada (IMPA), em sua coluna na Folha de São Paulo, em 09/06/2020, colocou: "O avanço tecnológico com impacto no cotidiano realçou ainda mais o papel da Matemática, como ferramenta para entender o mundo".[22]

Situação atual

Após os computadores, estão chegando às escolas as Tecnologias da Informação e Comunicação (TIC), que acabaram trazendo, por meio dos chamados aparelhos móveis, tais como os *notebooks*, os *tablets*, os celulares, os *smartphones*, os MP3 players, os leitores de livros digitais (*e-readers*) etc., a grande e revolucionária novidade: a tecnologia móvel. Essa é a tecnologia que vai alavancar as transformações que já estão ocorrendo. E nós, professores, devemos estar preparados para que, com os estudantes, sejamos protagonistas dessas mudanças.

O que vem a ser tecnologia móvel?

Segundo a Organização das Nações Unidas para a Educação, a Ciência e a Cultura (UNESCO), tecnologia móvel é aquela tecnologia proporcionada por aparelhos móveis e digitais, facilmente portáteis, de propriedade e controle de um indivíduo, e não de uma instituição, com capacidade de acesso à internet e aspectos multimídia, que pode, ainda, facilitar um grande número de tarefas.

Qual é a importância da tecnologia móvel na educação?

Ela consegue promover o que se chama de aprendizagem móvel (*m-learning*) isoladamente ou em combinação com outras TIC. Esse tipo de aprendizagem garante acesso à informação a qualquer hora e em qualquer lugar. O estudante pode acessar recursos educacionais, conectar-se com outras pessoas, obter informações na internet ou criar conteúdos dentro e fora da sala de aula. Uma instrução pode chegar ao estudante a qualquer momento, de maneira pessoal, colaborativa, interativa e contextual. Hoje, as tecnologias móveis são comuns, mesmo em áreas onde escolas, livros e computadores são escassos. Podem chegar por meio do telefone celular. Segundo a Fundação Getulio Vargas (FGV-SP), existem hoje no país mais de 230 milhões desses aparelhos. (<https://economia.uol.com.br/noticias/estadao-conteudo/2019/04/26/brasil-tem-230-mi-de-smartphones-em-uso.htm>)

Qual é a principal mudança em relação às escolas?

A escola começa a se expandir para além de seus portões. Os processos de aprendizagem não necessariamente terminam quando do encerramento de um turno de aulas. Em casa, o estudante pode estar, por exemplo, conectado com colegas de sala executando alguma tarefa. A tecnologia móvel pode ser usada intra ou extramuros. As ferramentas disponíveis para o aprendizado da Matemática são incontáveis, como veremos a seguir.

Qual é o papel do professor nesse contexto?

O giz e a lousa vão continuar a existir, mas com o advento dessas novas tecnologias, o professor deixa de ser a única fonte de informação e conhecimento em uma sala de aula. Muitas vezes, no processo de aprendizagem, ele vai assumir o caráter de gerenciador desse desenvolvimento. Certamente, ele terá que conhecer as metodologias ativas do ensino híbrido.

O celular, antes proibido, vai fazer parte do cotidiano em uma sala de aula. O uso correto desse aparelho e de outros equipamentos em sala de aula, por exemplo, faz parte da capacidade do professor em gerenciar essas situações.

Que caminho se sugere ao professor? Por onde começar?

Devemos começar pelo trabalho com determinados *softwares* (programas) extremamente úteis para o aprendizado da Matemática. A seguir citaremos alguns deles, chamados de *softwares livres*.

Os *softwares* são recursos tecnológicos que constituem ferramentas poderosas como facilitadoras da aprendizagem, bem como são capazes de ajudar no aprofundamento e entendimento de conceitos importantes no estudo da Matemática. Entendemos ser inestimável o ganho de tempo que tais recursos proporcionam. Vejamos alguns desses *softwares*:

1. GeoGebra

Esse *software* foi criado em 2001 pelo matemático austríaco Markus Hohenwarter. É um programa interativo (Geometria + Álgebra) que reúne, como o próprio nome sugere, Geometria, Álgebra e, ainda, planilha de cálculos, gráficos, Probabilidade e Estatística.

As normas de gerenciamento são simples, e as ferramentas básicas estão à disposição do usuário na própria tela de trabalho, bastando escolher a ferramenta ao se clicar sobre o ícone desejado.

Uma série de vídeos, que podem ser acessados gratuitamente no YouTube, ensina a usar esse programa. O acesso ao GeoGebra se dá pelo endereço www.geogebra.org/download

Seria interessante auxiliar os estudantes a fazerem o *download* do *software*, mesmo quando forem acessá-lo *online*. É muito importante a ajuda docente nessa etapa de instalação. Antes de dar início às atividades, sugerimos "dar um tempo" para que eles explorem o programa e descubram sozinhos como efetuar alguma construção.

Na internet é possível encontrar outras informações e sugestões:

- HOHENWARTER, Markus. GeoGebra: informações. Disponível em: <http://static.geogebra.org/help/docupt_BR.pdf>

- Instituto GeoGebra no Rio de Janeiro. Disponível em: <www.geogebra.im-uff.mat.br/index.html>

2. LibreOffice

LibreOffice é um *software* que oferece várias ferramentas – entre eles, planilha eletrônica, editor de desenho, editor de fórmulas e banco de dados. Disponível em: <https://pt-br.libreoffice.org/>

3. Geometricks

Desenvolvido pelo dinamarquês Viggo Sadolin, da The Royal Danish School of Education Studies de Copenhague, este é um *software* voltado à geometria que possibilita montar construções geométricas: pontos, retas, segmentos de retas, retas paralelas e perpendiculares, bissetrizes, mediatrizes, circunferências, arcos de circunferência. Disponível em: <https://igce.rc.unesp.br/#!/pesquisa/gpimem---pesq-em-informatica-outras-midias-e-educacao-matematica/downloads/programas-para-download/>

4. Planilhas eletrônicas

Originalmente não são destinadas à educação, mas nem por isso são menos úteis. Vejamos dois exemplos desses aplicativos: um deles é o *software* livre OpenOffice Calc e o outro é o Microsoft Excel, que já vem instalado no sistema operacional Windows. Este último é extremamente útil quando se precisa organizar dados em planilhas ou tabelas e para montar gráficos de barras, setores (pizza), histogramas e linha. Pode-se fazer uso de recursos variados de imagens, inclusive em 3D.

5. Logo

No *site* <https://www.nied.unicamp.br/biblioteca/super-logo-30/>, é possível baixar uma versão gratuita do *software* Super Logo 3.0, que utiliza a linguagem logo. E do que se trata essa linguagem?

É uma linguagem de programação voltada para crianças e adolescentes. Utiliza uma tartaruga que percorre a tela obedecendo a determinados comandos que possibilitam criar figuras ou programas visualizados na tela do computador.

A tartaruga traça linhas retas obedecendo a determinados comandos. O comando PF30 move a tartaruga 30 espaços para frente. PT10 move a tartaruga 10 espaços para trás. Já o comando PD45 gira a tartaruga 45° à direita e PE30, 30° à esquerda.

Vejamos a figura que a tartaruga traçaria obedecendo aos seguintes comandos:

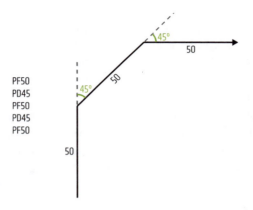

Podemos ainda citar:

a) Uso da internet
É um recurso imprescindível, pois garante o acesso a inúmeros *sites* relacionados à História da Matemática, jogos interativos, quebra-cabeças, problemas e outros desafios. Se, por exemplo, o assunto de uma aula é o Teorema de Pitágoras, pode-se pedir aos estudantes que pesquisem sobre a vida desse notável sábio grego, sobre quem eram os pitagóricos, o que se estudava e se discutia na Escola de Pitágoras.

b) Laboratório de Ensino da Matemática (sala ambiente)
A escola que dispõe de laboratório destinado às Ciências da Natureza (Física, Química e Biologia) deve tentar disponibilizar um espaço para uma sala ambiente destinada às práticas voltadas ao aprendizado da Matemática. Essa sala também pode ser chamada de laboratório. Além

de ambientá-la adequadamente, criando um espaço lúdico e estimulante, a escola também pode disponibilizar as já tradicionais ferramentas desses laboratórios, sem prescindir do computador e todos seus acessórios.

c) Contribuição da UNESCO

A UNESCO publicou dicas de como utilizar as tecnologias móveis, como celulares e *tablets*, a serviço da educação. Confira um infográfico com 10 recomendações e 12 bons motivos para se usar tecnologias móveis em sala de aula, acessando o *site*: <https://www.cp2.g12.br/blog/iedtablets/unesco/>

18 Conclusão

Nas Competências Específicas de Matemática para o Ensino Fundamental (BNCC p. 267), encontramos uma definição do que é a Matemática:

> Reconhecer que a Matemática é uma ciência humana, fruto das necessidades e preocupações de diferentes culturas, em diferentes momentos históricos, e é uma ciência viva, que contribui para solucionar problemas científicos e tecnológicos e para alicerçar descobertas e construções, inclusive com impactos no mundo do trabalho.[3]

Acreditamos que se conseguirmos desenvolver as ideias aqui mencionadas, respeitando as peculiaridades de cada escola, professor e turma de estudantes, estaremos contribuindo, de maneira efetiva e significativa, para alcançar esses objetivos.

Referências bibliográficas

1. ÁVILA, G. **Objetivos do Ensino da Matemática**. Revista do Professor de Matemática – RPM 27. SBM. Rio de Janeiro, 1995.

2. PERDIGÃO DO CARMO, M. **Considerações sobre o Ensino da Matemática**. Boletim da Sociedade Brasileira de Matemática. SBM. Vol. 5. nº 1, p. 107-108.

3. BRASIL. Ministério da Educação. Secretaria da Educação Básica. **Base Nacional Comum Curricular (BNCC)**. Brasília, 2018.

4. JOHNSON, D. A.; RISING, G. R. **Guidelines for Teaching Mathematics**. Wadsworth. Belmont, Califórnia, 1972. Tradução minha.

5. WALLE. J. A. VAN DE. **Matemática no ensino fundamental**, 6ª edição, ArTmed. Porto Alegre, 2009 (Tradução de Paulo Henrique Colonose).

6. NORMAS PARA O CURRÍCULO E A AVALIAÇÃO EM MATEMÁTICA ESCOLAR – Tradução portuguesa dos STANDARDS do National Council of Teachers of Mathematics. NCTM. Ministério da Educação de Portugal. Instituto de Inovação Educacional. Lisboa, 1991)

7. POZO.J.J. Org. **A solução de problemas**. ArTmed. Porto Alegre. 1998. p. 65.

8. POLYA. G. **A arte de resolver problemas**. Editora Interciência. Rio de janeiro, 1977.

9. LIMA. E.L. **Matemática e Ensino**. Sociedade Brasileira de matemática -SBM. Rio de Janeiro, 2007. p. 144.

10. SMOLE. K.; DINIZ. M. I; CâNDIDO.P. **Resolução de problemas**. ArTmed. Porto Alegre, 2000.

11. FUNDAÇÃO LEMANN. NOVA ESCOLA. **BNCC na Prática. Capítulo 4**. Texto de Rita Trevisan. São Paulo, p. 25.

12. NACHMANOVITCH. STEPHEN. **Ser Criativo: o poder da improvisação na vida e na arte**. Tradução de Eliane Rocha. Summus Editorial. São Paulo, 1993.

13. CURY. H. N. **Análise de erros: o que podemos aprender com as respostas dos alunos**. Coleção Tendências em Educação Matemática. Autêntica. Belo Horizonte, 2007; p. 79.

14. VON OECH, R. **Um 'toc' na cuca. Técnicas para quem quer ter mais criatividade na vida**. Cultura Editores Associados Ltda. São Paulo, 1995.

15. BEAUDOT, A. **A criatividade na escola**. Tradução de marina S. Gutierrez e Bernadete Hadjionnov, Editora Nacional, São Paulo, 1975.

16. BOALER, J. O. **"O que a Matemática tem a ver com isso?**" Editora Penso. Porto Alegre. 2019 – Tradução *de Daniel Bueno)*

17. TORRANCE. E. P E TORRANCE. J.P. **Pode-se ensinar criatividade?** Editora Pedagógica e Universitária. São Paulo, 1974.

18. D'AMBRÓSIO, U. **Metas y Objetivos Generales de la Educacion Matemática**. Nuevas Tendencias em la Enseñanza de la Matemática, Vol. IV, UNESCO, Montevideo, 1979.

19. ALENCAR. E. S. **Criatividade: múltiplas perspectivas**. Editora de Brasília. Brasília, 2003. (STEIN .M.I. Stimulating creativity. Individual procedures. Nova York: Academic Press, 1974)

20. GUILFORD. J.P. **The Nature of Human Intelligence**. MacGraw-Hill . USA, 1967.

21. POGORÉLOV. A. V. **Geometria Elemental**. Editorial Mir (traduzido do russo), 1974.

Leituras recomendadas

DANTE, L. R. **A situação atual do ensino da matemática: diagnóstico, análise, prognóstico e algumas propostas de solução**. Publicação ACIESP Nº 11, Academia de Ciências do Estado de São Paulo, 1978, p. 247-256.

____. **Algoritmos e máquinas**. Revista de Ensino de Ciências. Nº 13, Funbec, São Paulo, 1985.

____. **Criatividade e resolução de problemas na prática educativa matemática**. Tese de livre-docência. UNESP – RIO CARO, 1988.

____. **Formulação e resolução de problemas de Matemática – Teoria e Prática**. Ática. São Paulo, 2015.

____. **Incentivando a criatividade através da educação matemática**. Tese de doutorado. PUC-SP, 1980.

____. **Introdução dos números naturais nas primeiras séries do 1º grau**. Revista de Ensino de Ciências, ano I, nº 1,, Funbec, São Paulo, 1980

____. **O método Mosaico em Geometria**, Atas da 5ª CIAEM, Educacion Matemática em las Américas – V, UNESCO, 1979.

____. **Os algoritmos e suas implicações educativas**. Reviste de Ensino de Ciências, n] 12, Funbec, São Paulo, 1985

____. **PORQUÊS da Matemática na sala de aula**. Ática. São Paulo, 2015.

____. **Raciocínio e Cálculo Mental – Atividades de Matemática**. Editora do Brasil, São Paulo, 2019.

____. **Uma proposta para mudanças nas ênfases ora dominantes no ensino da Matemática**. Revista do Professor de Matemática -RPM 6-SBM, São Paulo, 1985

DUNN, J.A. **Tests of cretivity in Mathematics**, Int.Journal Mathe.Educ. Science Tecnol, Vol. 6, n° 3, p. 327-332.

LESTER. F. and CHARLES, R. **Teaching Problem Solving: What, Why and How**. Dale Seymour Publications, USA, 1982.

POLYA G. On learning, teaching, and teaching learning. American Mathematical Monthly,70, (1963) p. 605-19. Publicado na revista Matemática Unicersitária, SBM, n° 4, Rio de Janeiro, dez. 1986.

WHITNEY, H. **Aprendendo Matemática para a vida futura**. Atas da 5ª CIAEM, Educacion Matemática em las Américas – V, UNESCO, 1979.

Central de Atendimento
E-mail: atendimento@editoradobrasil.com.br
Telefone: 0300 770 1055

Redes Sociais
facebook.com/editoradobrasil
youtube.com/editoradobrasil
instagram.com/editoradobrasil_oficial
twitter.com/editoradobrasil

Acompanhe também o Podcast Arco43!

Acesse em:

www.editoradobrasil.podbean.com

ou buscando por Arco43 no seu agregador ou player de áudio

Spotify   Google Podcasts   Apple Podcasts

www.editoradobrasil.com.br